智能手机 与 老年生活

章佳楠 编

浙江工商大学出版社
ZHEJIANG GONGSHANG UNIVERSITY PRESS

图书在版编目（CIP）数据

智能手机与老年生活 / 章佳楠编. -- 杭州：浙江
工商大学出版社, 2018.8（2018.11重印）
ISBN 978-7-5178-2917-1

Ⅰ.①智… Ⅱ.①章… Ⅲ.①移动电话机—中老年读
物 Ⅳ.①TN929.53-49

中国版本图书馆CIP数据核字(2018)第196163号

智 能 手 机 与 老 年 生 活
章佳楠　编

责任编辑	王　耀　白小平	
责任校对	何小玲	
责任印制	包建辉	
出版发行	浙江工商大学出版社	
	（杭州市教工路198号　邮政编码310012）	
	（E-mail:zjgsupress@163.com）	
	（网址:http://www.zjgsupress.com）	
	电话:0571-88904980,88831806（传真）	
排　　版	杭州朝曦图文设计有限公司	
印　　刷	杭州恒力通印务有限公司	
开　　本	710 mm×1000 mm　1/16	
印　　张	9.5	
字　　数	130千	
版 印 次	2018年8月第1版　2018年11月第2次印刷	
书　　号	ISBN 978-7-5178-2917-1	
定　　价	48.00元	

编委会

前言 PREFACE

习近平总书记指出："要引导全社会增强接纳、尊重、帮助老年人的关爱意识和老年人自尊、自立、自强的自爱意识。"要提高老年人的生活和生命质量，不仅指为年长者的生活、健康和精神慰藉服务，还要提升老年人的自我能力和社会参与能力，保障老年人生活、心理和社会功能的完好。

随着科技的迅猛发展，我们的生活越来越智能化。外卖点餐、网上订票和手机导航等智能服务让生活更加方便、快捷，但对不少老年人来说却存在很多困难和挑战。尽管很多老年人对互联网智能生活抱有浓厚的兴趣和热情，却常常手足无措，望而却步。这正是我们写本书的目的和意义。

本书对智能手机基础知识、支付宝、微信和淘宝等多个软件的使用做了详细的介绍，将生活中最常使用的手机应用以场景化、图文并茂的方式呈现，并插入漫画和口语化的解读，带老年人走进互联网，走向智能化，享受不一样的退休生活。

目录 CONTENTS

1 第一章

基础知识

第一节　手机的基础图标及功能的认知

1. 手机按键的基本认知

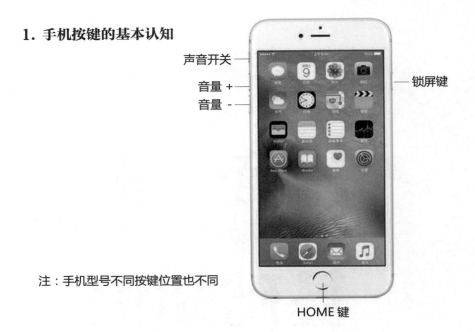

声音开关

音量 +

音量 -

锁屏键

注：手机型号不同按键位置也不同

HOME 键

2. 手机下拉菜单图标及功能的认知

手机下拉菜单里可以打开手机各个功能的开关，下图介绍了各图标的名称及含义。

蓝牙	自动同步	一键锁屏	手电筒	计算器
个人热点	飞行模式	省电模式	免打扰模式	GPS
WLAN/无线局域网	移动数据	响铃	一键清理	屏幕旋转

第二节 手机流量与 Wi-Fi 的介绍

1. 手机流量

手机流量是指手机上网过程中产生的流量数据，用手机打开软件或进行互联网操作时，会产生数据流量，手机流量就是指这些数据流量。

三大运营商

（1）手机流量的计算

1MB（兆）手机流量在微信内能做什么事？

公式换算：1024KB=1MB（兆） 1024MB=1GB

1MB（兆）流量能做的事

文字信息：≈ 1000 条左右　　语音信息：≈ 100–200 条

图片：≈ 20–30 张　　视频播放：≈ 5–20 秒

（2）什么是流量包

流量包是为了使用移动设备上网而开通的一种优惠套餐。

可按个人需求订购，在通信运营商处购买。

2015 年，三大运营商相继推出"流量月底不清零"举措，允许流量转赠、共享。在传统语音电话业务收入下滑的形势下，数据流量收入正成为运营商的"救命稻草"。

（3）查询手机流量

　　编辑短信"我还有多少流量"发
送给通信运营商（移动、联通、电信）。

流量查询号码

中国移动：10086

中国联通：10010

中国电信：10001

　　进入手机主界面，点击"信息"
图标。

　　在"信息"界面，点击"新建信息"
图标。

　　在短信编辑界面，输入收件人，
如"10086"。在输入栏内输入短信
内容，如"我还有多少流量"。

编辑完成后，点击"发送"按键，发送成功。

（4）手机网络的网速区别

    4G ＞ 3G ＞ 2G

    4G 平均下载速度：2000−3000KB/s

    3G 平均下载速度：200−300KB/s

    2G 平均下载速度：20−30KB/s

（5）连接移动网络

    进入手机主界面，点击"设置"图标，进入设置界面。

    找到"蜂窝移动网络"（部分手机该选项隐藏在"更多"界面）选项，点击进入。

    打开"移动数据"选项，开启右侧按键，连接成功。

2. Wi-Fi（无线局域网）

Wi-Fi 是一种可以将个人电脑、手持设备（如 iPad、手机）等终端以无线方式互相连接的技术，事实上它是一个高频无线电信号。Wi-Fi 跟流量的功能相似，连接 Wi-Fi 后便可进行互联网操作。

（1）连接 Wi-Fi

进入手机主界面，找到"设置"图标，点击进入设置界面。

找到"无线局域网"选项，点击进入，开启"无线局域网"开关。

点击要加入的网络名称，输入密码，点击"加入"按键，连接成功。

第三节　App 的安装与使用

App 指安装在手机上的第三方软件，能完善原始系统的不足，并使手机个性化。

1. 苹果系统和安卓系统

（1）IOS 系统

IOS 系统是苹果公司开发的操作系统，仅适用于苹果品牌的手机、MP3、平板、笔记本电脑、台式电脑、智能手表等设备。

（2）Android（安卓）系统

Android 是 Google 公司开发的操作系统，主要适用于移动设备，如智能手机、平板电脑等。Android 系统由于其开源性，得到了众多手机厂商的支持，如三星、华为、魅族等，Android 已经成为主流系统之一。

2. 苹果系统下载 App 方法

进入手机主界面，点击"App Store"图标，进入应用商店。

点击"搜索"图标，输入软件名称，如"微信"，再次点击"搜索"图标。

点击"获取"按键即可。

苹果系统第一次下载时，需要输入 Apple ID 的账号和密码。

下载安装完毕后，可以在苹果手机主界面上找到下载的软件。

3. 安卓系统下载 App 方法

进入手机主界面，点击"应用商店（应用中心、应用市场）"图标。

点击搜索框，输入软件名称，如"微信"，点击"搜索"图标。

点击"安装"按键即可完成安装。

4. 苹果系统卸载 App 方法

在主界面长按一个图标。

所有软件进入"可编辑"状态，
图标上显示 ✕ 符号，点击 ✕ ，
会出现删除栏。

点击"删除"按键。

点击 HOME 键退出编辑状态，
完成软件删除。

5. 安卓手机卸载 App 方法

在主界面长按一个图标。

将要删除的软件放入右上方
的"垃圾桶"标志内。

第四节 其他功能的介绍及使用

1. 添加联系人

点击主屏幕"电话听筒"按键，进入"拨号"界面。

点击"通讯录"按键，进入"通讯录"界面。

点击"+"按键，添加联系人。

输入姓名和电话号码，点击完成。

2. 设置闹钟

点击主屏幕中的"时钟"按键，进入"时钟"界面。

在"时钟"界面点击"闹钟"选项。

选择闹钟的时间和是否需要重复。

注意事项：点击"重复"按键可以选择一周内的一天或几天（如周一），那么之后每一周的这一天闹钟都会响。

设置完成后点击储存，完成设置。

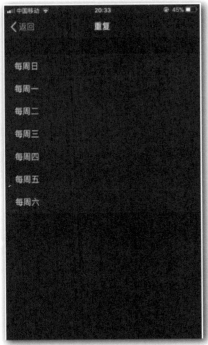

3. 天气查询

点击主界面中的"天气",进入"天气"界面。

选择当前地点的天气就能查看天气了。

注意事项:需要开启位置功能才能使用天气功能。

4. 蓝牙

蓝牙（Bluetooth®）是一种无线技术标准，可实现固定设备、移动设备和楼宇局域网之间的短距离数据交换蓝牙技术（使用 2.4—2.485GHz 的 ISM 波段的 UHF 无线电波）。

通过蓝牙可以无线连接外接设备，如耳机、音响等。

5. GPS

GPS 是英文 Global Positioning System（全球定位系统）的简称。利用定位卫星，在全球范围内实时进行定位、导航的系统，称为全球卫星定位系统，简称 GPS。

GPS 可以提供车辆定位、防盗、反劫、行驶路线监控及呼叫指挥功能。

6. 二维码

二维码是用某种特定的几何图形按一定规律在平面（二维方向上）分布的黑白的图形。

二维码的作用

（1）获取：名片、地图、Wi-Fi 密码、资料。

（2）网站跳转：跳转到微博、手机网站。

（3）广告推送：用户扫码，直接浏览商家推送的视频、音频广告。

（4）手机支付：扫描商品二维码，通过银行或第三方支付提供的手机端通道完成支付。

7. 消除手机卡顿、慢的情况

手机内存

（1）运行内存（RAM）越大，速度越快。

常见运行内存：2G、3G、4G 。

（2）机身内存（ROM）越大，越不容易卡顿。

常见机身内存：8G、16G、32G、64G。

8. 清理手机垃圾

使用工具，下载安装手机优化软件，如"安卓优化大师""360手机助手""金山手机卫士"等，安装之后点击"垃圾清理"，即可清理大部分的系统垃圾。

9. 关闭后台程序

（1）苹果手机关闭后台程序

连按两下HOME键，把要关闭的程序向上滑。

（2）安卓手机关闭后台程序

点击手机屏幕下方HOME键边上的按键（不同手机位置不一样），把要关闭的程序向上滑。

2

第二章

微信的使用（一）

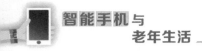

第一节 微信的介绍

1. 微信的简介

微信是腾讯公司推出的一个为智能手机提供即时通讯服务的免费聊天软件。微信支持跨通信运营商、跨操作系统平台通过网络快速发送免费的文字、语音、视频、图片消息（收取少量流量费用）。

2. 账号注册与登录

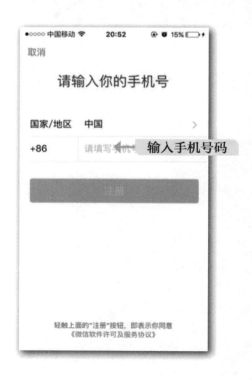

点击主屏幕上的"微信"图标，进入微信，点击"注册"按键。

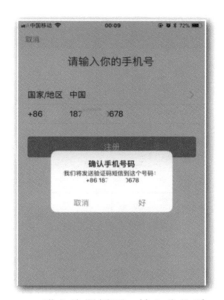

进入注册界面，输入您的手机号码，点击"注册"按键。输入短信验证码，点击"提交"按键。

完善个人信息，完成注册。

第二节 个人信息管理

1. 设置微信号

在微信主界面中点击"我"图标。

进入"我"界面，点击"头像"选项，进入个人信息设置。

点击微信号。

输入微信号，点击保存。

注意事项：微信号只能设置一次，不可以修改，不能输入中文汉字。

2. 头像的设置与修改

在微信主页里，点击"我"图标。

点击"头像"选项。

再点击"头像"进入个人头像。

点击右上角三个点，选择照片来源，设置头像。

第三节 添加好友与聊天功能

1. 添加好友

（1）搜索添加好友

在微信主界面中，点击"+"图标，点击"添加朋友"按键。

进入"添加朋友"界面，可以输入"微信号""手机号""QQ号"。

点击"添加到通讯录"选项。

进入"朋友验证"界面，输入验证申请，点击"发送"按键。

注意事项：添加好友需要对方同意后才能成为好友。

（2）扫一扫添加好友

在微信主界面中，点击右上角"+"，点击"扫一扫"。

对准二维码，扫描二维码名片。

点击"添加到通讯录"按键。

进入"朋友验证"界面，输入验证申请，点击"发送"按键。

别人加你好友之后记得通过验证哦，不要乱加陌生人哦。

（3）通过验证

在微信主界面中，点击"通
讯录"图标，进入通讯录。

在"新的好友"列表中点击
新的好友。

点击"接受"按键，通过好
友验证。

2. 与朋友聊天

（1）文字聊天

在微信主界面中，点击"微信"图标，显示最新聊天对象。

在与好友的聊天框中，输入文字，点击"发送"按键，发送文字。

（2）发送语音消息

在好友聊天界面，点击输入
栏左侧的语音按键。

按住"按住说话"按键，然
后讲话，即可录音，最长可录制
60秒，松开后自动发送语音信息。

（3）发送表情

在好友聊天界面中，点击表情按键。

选择表情，点击发送。

在底部表情栏中，点击爱心标志，可发送自定义表情。

（4）发送照片

在好友聊天界面中，点击"+"按键。

点击照片，勾选照片，点击"发送"。

发送完成。

> 注意事项：一次最多只能发送 9 张图片。

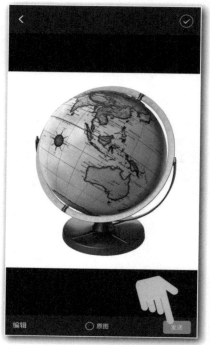

（5）语音视频聊天

在好友聊天界面中，点击"+"按键。

点击"视频聊天"，选择视频或语音聊天，进入聊天模式。

注意事项：视频聊天能转换成语音聊天。结束视频或语音聊天时，需要按挂断键。

（6）拍摄

在好友聊天界面，点击"+"
按键。

点击"拍摄"图标，可以选
择拍摄"小视频"或者"照片"。

点击"发送"，发送图片或
视频。

> 注意事项：点击拍摄按键
> 为拍照，长按拍摄按键为
> 拍摄小视频。

（7）分享位置

在好友聊天界面点击"+"
按键。

点击"位置"图标。

选择"发送位置"或者"共
享实时位置"。

如果选择"发送位置"，点
击发送即可。

完成发送。

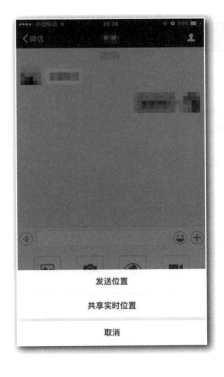

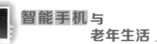

（8）复制、粘贴、收藏聊天内容

在好友聊天界面，长按已发送的聊天信息。

可以选择"复制""粘贴""撤回""删除""收藏"按键。

注意事项：复制和粘贴需要组合使用，复制聊天内容后，长按输入栏会出现"粘贴"按键。

删除只能删除单方的聊天记录，对方的信息还在。

撤回能使双方的聊天内容都消失，在聊天框中能看到撤回提示（只能在消息发出 2 分钟内撤回）。

（9）群发消息

在微信主界面点击"我"按键。

进入"我"界面，点击"设置"。
在"设置"界面点击"通用"。
在"通用"界面点击"功能"。
在"功能"界面点击"群发助手"。

在"群发助手"界面点击"新建群发"。

选择收件人，点击"下一步"，编辑发送内容，点击"发送"，完成群发。

3 第三章

微信的使用（二）

第一节　建立并管理微信群

1. 创建微信群

在微信主界面点击右上角"+"图标，点击"发起群聊"。

选择需要添加到群里的联系人，勾选联系人，点击"确定"按键，发起群聊。

我们建一个家人群就可以一起聊天啦！

2. 面对面建群

在微信主界面点击右上角"+"图标,点击"发起群聊"。

在"选择联系人"界面,点击"面对面群聊",输入相同的四位数字发起群聊。

点击"进入该群"按键,进入群聊。

3. 添加群友

在群聊框中，点击右上角图标。

进入"聊天信息"界面，点击添加图标。

进入"选择联系人"界面，勾选联系人，点击"确定"，完成添加。

4. 保存微信群

在群聊界面点击右上角按键。

进入"聊天信息"界面，打开"保存到通讯录"选项，保存成功。

在微信主界面点击"通讯录"按键，点击"群聊"，可以查看保存的微信群。

第二节 公众号的介绍及添加

1. 微信公众号

　　微信公众号是开发者或商家在微信公众平台上申请的应用账号，该账号与 QQ 账号互通，通过公众号，商家可在微信平台上实现和特定群体的文字、图片、语音、视频的全方位沟通、互动，形成了一种主流的线上线下微信互动营销方式。

妈妈，关注"乐学堂"，以后在手机上也能不断学习哦！

2. 如何添加微信公众号

　　首先用手机登录自己的微信号，进入主界面后会看到右上角有个"+"号，点击一下。

这里有两种方法可以添加自己想要的公众号。第一种方法，点击第一步中的"添加朋友"，进入搜索界面。

这里可以直接搜索自己想加的微信公众号，也可以先点击"查找公众号"再搜索（可以是微信名称或者微信号），二者的区别在于，查找公众号搜出来的全部是公众账号，这里输入"乐学堂"。

点击"搜索"，这时候会看到一列搜索结果。看看是不是有你想要的结果呢？点击想要加的微信账号，会出现关注主界面。

最后点击"关注"就可以添加自己想加的公众号了。关注成功后会有成功的提示，点击查看消息可以进入公众号的主界面。

以上是第一种方法。

第二种方法比较简单，那就是"扫一扫"，前提是你有要关注的微信公众号的二维码。

乐学堂

搜索微信账号：Lxuetang

在微信右上角"+"号中有"扫一扫"，在微信主界面"发现"中也有"扫一扫"，两个地方都可以扫描二维码。打开"扫一扫"，对准二维码停留一两秒钟即可。

第三节 朋友圈的介绍及应用

1. 朋友圈发照片和文字

在微信主界面点击"发现"按键。

点击"朋友圈"，进入"朋友圈"界面。点击相机图标，选择照片。

点击"完成"发送。

发送文字消息:长按相机
按键,就可以编辑文字,再点
击"发送"。

输入文字

2. 设置朋友圈权限

在微信换主界面点击"我"图标。

进入"我"界面，点击"设置"。

在"设置"界面，点击"隐私"。

进入"隐私"界面，点击"不让他（她）看我的朋友圈"，点击"+"图标，勾选联系人，点击右上角"确定"按键，设置完成。

发朋友圈的时候,点这个可以让一些人看不到哦!

第四节　微信支付

　　微信支付是集成在微信客户端的支付功能，用户可以通过手机完成快速的支付流程。微信支付以绑定银行卡的快捷支付为基础，向用户提供安全、快捷、高效的支付服务。

1. 绑定银行卡

　　在微信主界面点击"我"图标。

　　进入"我"界面，点击"钱包"。

　　进入"钱包"界面，点击"银行卡"。

　　进入"银行卡"界面，点击"添加银行卡"，输入卡号，点击"下一步"。

　　输入卡的类型，输入持卡人姓名、证件号和手机号，勾选"同意《用户协议》"，点击"下一步"。

　　点击"获取验证码"，输入手机短信验证码，点击"下一步"。

　　设置支付密码，再次输入支付密码，点击"完成"。

　　绑定成功。

2. 发送微信红包

在好友聊天框中，点击"+"图标。

点击"红包"图标。

进入"发红包"界面，输入金额，点击"塞钱进红包"按键。

选择付款方式，输入支付密码，完成发送。

3. 扫码支付

在微信主界面点击"+"图标，点击"扫一扫"。

扫描二维码后，获取支付信息，输入需付款金额。

输入支付密码，完成支付。

4. 付款码支付

在微信主界面点击"我"图标。

进入"我"界面，点击"钱包"。

输入支付密码，查看付款码。

让店家扫描付款码，完成支付。

完成付款后可以查看支付界面。

4 第四章

支付宝

第一节 支付宝的介绍及注册

1. 支付宝的介绍

　　支付宝（中国）网络技术有限公司是国内领先的第三方支付平台，致力于提供简单、安全、快速的支付解决方案。支付宝公司从 2004 年建立开始，始终以"信任"作为产品和服务的核心。旗下有"支付宝"与"支付宝钱包"两个独立品牌。自 2014 年第二季度开始成为当前全球最大的移动支付厂商。

2. 支付宝注册与登录

　　登录支付宝，点击"新用户？立即注册"。

设置账户头像、昵称，输入
手机号码和登录密码，点击"注
册"按键。

确认手机号码，收到短信验
证码，输入短信验证码。

通过验证，输入六位数支付
密码，点击"完成"。

注册成功，点击"进入支付
宝"按键。

第二节　实名认证与密码设置

1. 实名认证

　　在支付宝主界面，点击右下角"我的"按键，点击头像。

　　进入"个人信息"界面，点击"身份认证"按键。

　　点击"开始验证"图标。

　　选择"身份证认证"，拍照上传身份证，进行身份验证，点击"确认并提交"按键。

　　点击"确定"，完成认证。

2. 密码设置

（1）修改支付密码

在支付宝主页面，点击右下角"我的"图标。

进入"我的"界面，点击"设置"。

进入"设置"界面，点击"密码设置"。

点击"重置支付密码"。

通过安全检测，点击"我记得原支付密码"。

输入原支付密码，点击"下一步"。

通过身份验证，重置密码。

> 如果不记得原密码了，点击"我忘记支付密码了"进行身份验证，需提供身份证信息和银行卡信息，通过身份验证即可重新设置。

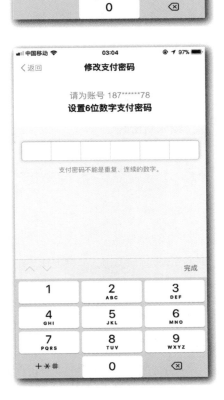

（2）重置登录密码

在支付宝主页面，点击右下角"我的"图标。

进入"我的"界面，点击"设置"。

进入"设置"界面，点击"密码设置"。

点击"重置登录密码"。

点击"立即修改"即可重新设置登录密码。

第三节　银行卡的绑定与账号交易

1. 绑定银行卡

在支付宝主界面，点击右下角"我的"图标，点击"银行卡"。

进入"我的银行卡"界面，点击右上角"+"图标。

输入银行卡卡号，点击"下一步"按键。

填写相关信息、银行预留手机号码，点击"下一步"按键。

接收到短信校验码并输入后，点击"下一步"按键。

点击"确认"完成快捷支付开通。

绑定了银行卡您就可以用支付宝付钱了。

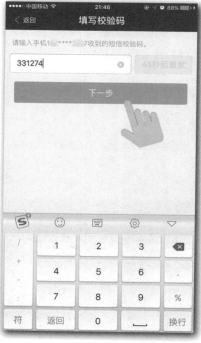

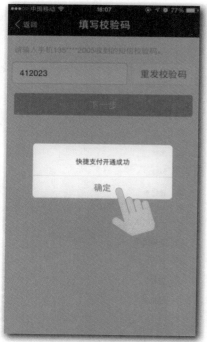

2. 账号交易

（1）账号充值

进入支付宝主界面，点击"我的"图标。

进入"我的"界面，点击"余额"。

进入"余额"界面，点击"充值"。

　　进入"账户充值"界面，选择需要充值的储蓄卡，输入金额，点击"下一步"。

　　点击"充值"按键，输入支付密码，完成充值。

（2）余额提现

　　进入支付宝主界面，点击"我的"图标。

　　进入"我的"界面，点击"余额"。

　　进入"余额"界面，点击"提现"。

　　进入"提现"界面，选择需要提现的储蓄卡，输入金额，点击"下一步"。

　　点击"提现"按键，输入支付密码，完成提现。

（3）转账到银行卡

在支付宝界面点击"转账"图标。

进入"转账"界面，点击"转账到银行卡"。

填写姓名、卡号、银行、金额，点击"下一步"按键。

进入"确认转账信息"界面，可以在"备注"里填写手机号码，点击"确认转账"按键。

点击"立即付款"，输入支付密码。

完成转账。

（4）转账到支付宝账户

在支付宝界面点击"转账"图标。

进入"转账"界面，点击"转到支付宝账户"。

输入对方账户。点击右侧联系人图标，可查找账户。点击"下一步"按键。

输入转账金额，选择付款方式，点击"确认转账"按键。

点击"立即付款"，输入支付密码。

完成转账。

第四节 支付宝付款

1. 扫码付款

　　在支付宝主界面，点击"扫一扫"图标。

　　扫描二维码后，获取商家信息。

　　输入金额、支付密码，点击"付款"按键。

　　完成付款。

2. 付款码付款

在支付宝主界面，点击"付钱"图标。

进入"付款码"界面。

让店家扫描"付款码"，完成付款。

3. 查看账单

在支付宝主界面，点击"我的"。

您用支付宝付的钱都可以从这里看到哦。

智能手机与老年生活

进入"我的"界面，点
击"账单"。

进入"账单"界面，就
能看到最近每笔的账单。

点击右上角的圆盘按键，
可以查看到月账单。

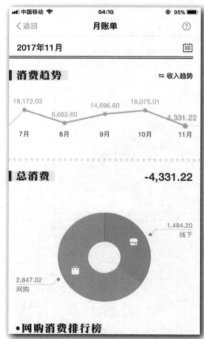

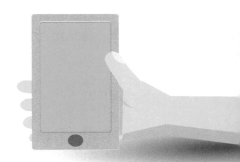

5

第五章

滴滴出行

第一节　滴滴出行的介绍及注册

1. 滴滴出行介绍

　　滴滴出行是包括出租车、专车、快车、顺风车、代驾及大巴等多项业务在内的一站式出行平台，2015 年 9 月 9 日由"滴滴打车"更名而来。

　　"滴滴出行"App 改变了传统打车方式，建立、培养出大移动互联网时代引领下的用户现代化出行方式。

2. 软件注册

　　验证手机。

　　打开滴滴出行。

　　点击左上角"头像"图标，进入"验证手机"界面。

输入手机号、验证码和
登录密码，点击"开始"按键。
完成手机验证。

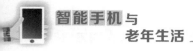
第二节 如何打车出行

1. 呼叫快车

在滴滴出行主界面，点击顶部"快车"。

输入起点（默认为定位位置，可以不输）和终点。

选择是否拼车（如果选择
拼车需要选择乘坐人数），点
击"确认拼车"或者"呼叫快车"
按键。

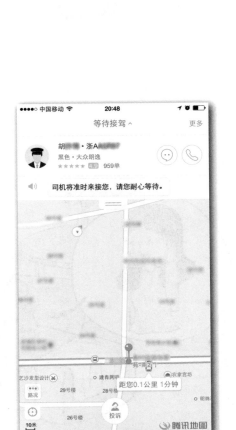

发起订单，等待答应，
司机接单，呼叫快车成功，
等待接驾。

2. 呼叫顺风车

在滴滴出行主界面，点击顶部"顺风车"。

进入"顺风车"界面，点击"乘客"，选择"市内"或者"跨城"。

您叫一个顺风车就可以假期来看我了！

　　输入起点和终点，选择乘车人数和出发时间。

　　点击"确认发布"按键。

　　发起订单，等待答应，司机接单，呼叫顺风车成功，等待接驾。

3. 确认订单和付款

到达目的地后，司机确定订单完成，滴滴出行界面显示车费详情。

选择支付方式，可选择"微信支付""支付宝支付"和"QQ钱包支付"，如选择"微信支付"，点击"确认支付"按键，根据提示完成支付。

注意事项："专车""出租车"和"代驾"的操作步骤与"快车"一样，价格不一，打车可以比较价格来选择。

第三节 行程及账单的查询

1. 查看我的行程

在滴滴出行界面，点击左上角图标，查看账户信息。

进入账户信息界面，点击"行程"，查看我的行程。

点这里就可以看到刚才的行程了。

2. 查看钱包

在滴滴出行主界面，点击左上角图标，查看账户信息。

进入账户信息页面，点击"钱包"，查看我的出行券、发票、余额等。

6 第六章

百度地图

第一节　百度地图简介及搜索功能

1. 百度地图简介

　　百度地图是百度提供的一项网络地图搜索服务，覆盖了国内近 400 个城市、数千个区县。

　　百度地图提供了丰富的公交换乘、驾车导航的查询功能，能提供最适合的路线规划。

2. 搜索地点

　　打开"百度地图"，进入该应用程序。

　　点击"搜索"栏。

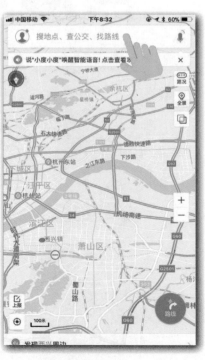

输入目的地，如"市民中心"。

输入完成，点击"搜索"按键。

搜索结果会出现与"市民中心"有关的地点，选择地点可以在地图上查看这些地点的确切位置。

在地图中查看搜索地点的确切位置，全景图向下滑动，可以查看电子地图。

第二节　如何查找路线

1. 查询路线

在地图主界面，点击"路线"按键。

在进入的界面，输入"起点"和"终点"，如"市民中心"。

输入完成后，点击"搜索"按键。

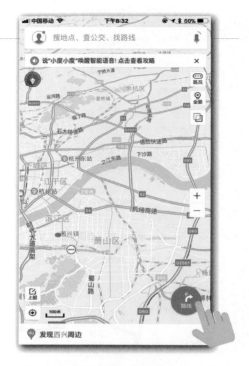

选择出行方式

　　选择出行方式，如选择"驾车"。还可以选择"专车""公交""步行"或者"骑行"等出行方式。

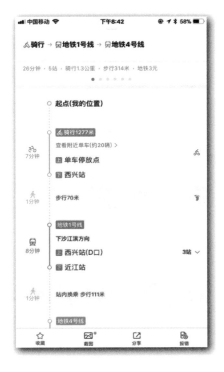

　　点击"开始导航"按键，进入导航模式。

注意事项：每条公交路线
都会显示时间、路程、步
行路程、需要坐几站车等
信息。
点击需要步行路程边上的
"大脚"的标志就可以开
启导航了。

2. 公交查询

在百度地图主界面，点击"路
线"按键。

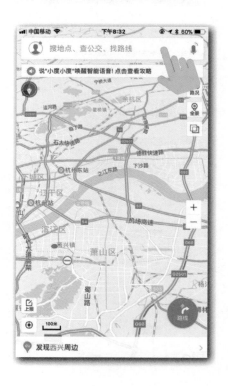

在顶部出行方式中选择"公交"。

输入起点（默认为当前位置，可以不填）和终点，如"市民中心"。

输入完成后，点击"搜索"按键。

用百度地图搜索一下就知道坐哪路公交车了。

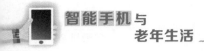
第三节 下载离线地图

在地图主界面点击左上角头像，进入"我的"界面。

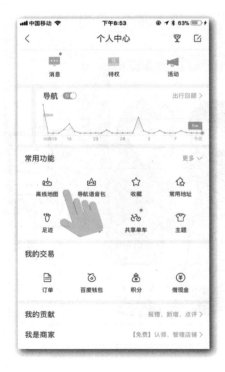

点击"离线地图"按键。

点击"离线导航"按键。

选择需要下载的城市,点击下载即可(下载地图需要的流量比较多,最好在有 Wi－Fi 时候下载)。

点击"已下载"按键，查看
已下载的地图。

第四节　周边服务

点击"百度地图",地图会自动定位当前所在位置,地图左下角有个"附近"菜单。

点击"附近"菜单,将看到"团购""美食""酒店""看电影"等一些我们日常所需要用到的生活服务。刚到一个地方,可能急需找一个酒店入住,此处即以"酒店"为例。

点击"酒店"，百度地图会列出附近的酒店，上面有 3 个菜单可以进行筛选，能更精确选择自己想要找的酒店。

选择第一个酒店点进去，可以看到不同房间的报价，还可以看到别人对这个酒店做出的评论。另外还可以看到酒店的电话号码，可以打电话先预订。

其他的服务也是同样的操作。

7

第七章

浙江预约挂号

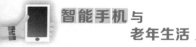

第一节 浙江预约挂号简介及注册

1. 浙江预约挂号简介

浙江预约挂号由官方授权，浙江移动承建，提供浙江省内 11 个地市包括 170 余家重点医院的医生排班查询及预约挂号服务。

2. 账户注册与登录

在浙江预约挂号主界面，点击底部"我的"按键。

进入"个人中心"界面，点击"注册"按键。

进入"新用户注册"界面，填写信息，点击"获取验证码"，输入验证码。

点击"完成"按键，完成注册。

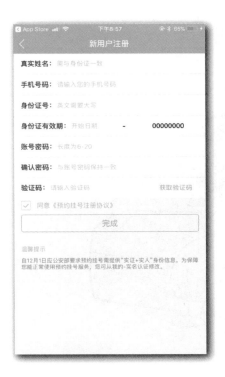

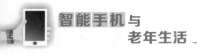
第二节　如何进行挂号

在浙江预约挂号主界面，
点击底部"首页"按键，再点
击"预约挂号"按键。

我们可以在网上选择上次
给您看病的医生，这样就
不用重复说病情了。

进入"选择医院"界面，点击需就诊的医院，如"杭州市第一人民医院"。

进入"选择科室"界面，如选择"名医门诊"的"消化内科（名医）"。

智能手机与
老年生活

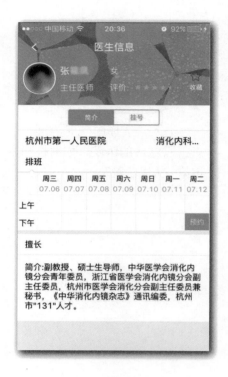

进入"选择医生"界面，
点击选择医生。

　　进入"医生信息"界面，
点击"挂号"按键，点击选择
就诊时间。

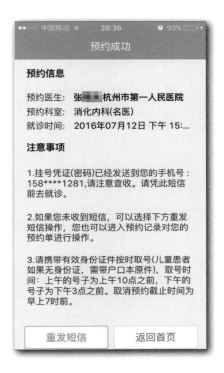

进入"确认订单"界面，输入验证码，点击"提交订单"按键。

预约成功。

第三节　查看与取消订单

在浙江预约挂号中，点击底部"我的"按键。

进入"用户中心"界面，点击"记录"按键。

进入"记录"界面，点击"预约记录"。

进入"预约记录"界面，点击"取消预约"，取消成功。

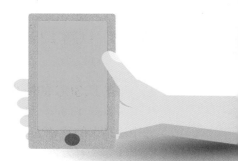

8 第八章

铁路 12306的使用

第一节　铁路 12306 的简介及注册

1. 铁路 12306 的简介

　　"铁路 12306"是中国铁路客户服务中心推出的官方手机购票应用软件，与火车票务官方网站共享用户、订单和票额等信息，并使用统一的购票业务规则。软件具有车票预订、在线支付、改签、退票、订单查询、常用联系人管理、个人资料修改、密码修改等功能。

2. 注册与登录

（1）注册

打开"铁路 12306"，点击右下角"我的 12306"。

进入"我的 12306"界面，点击"注册"。

填入注册需要的个人信息，点击"下一步"。

编辑短信"999"到"12306"，获取验证码。

输入验证码，完成注册。

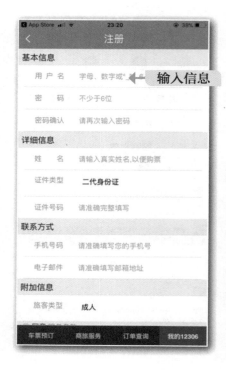

注意事项：
1. 用户名需要英文加数字的组合，建议使用"a"+"电话号码"的组合。
2. 密码需要英文加数字的组合。

（2）找回密码

打开"铁路 12306"，点击右下角"我的 12306"。

进入"我的 12306"界面，点击"登录"。

进入"登录"界面，点击"忘记密码"。

进入"找回密码"界面，选择"手机号码找回"。

填入个人信息、修改后的密码和短信验证码。

输入信息

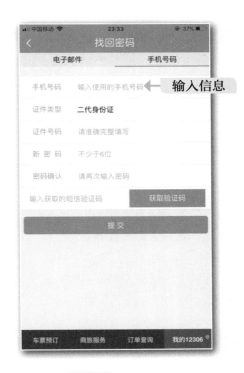

输入信息

别着急，我们按照操作步骤找回密码吧！

我忘记了登录密码怎么办？

第二节　购买火车票

点击界面左下方"车票预订"，选择起点和终点。

选择出发日期，点击"查询"，进入选择火车班次界面。

选择具体出发时间和火车班次后添加乘坐人。

点击左上角加号可以添加新的乘客（需要输入姓名和身份证号，但必须要注册过 12306 的身份证才可以线上购票）。

添加乘客后选择座位，在选择座位界面也可添加乘坐人。

确认好订单信息后，点击"提交订单"。

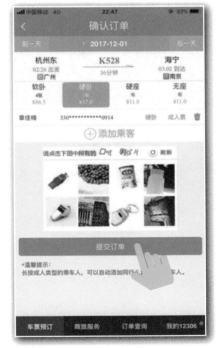

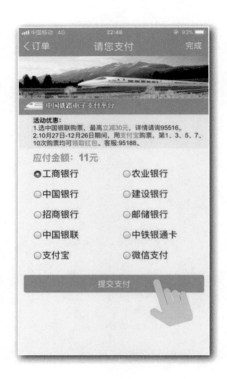

点击"立即支付",选择支付宝或微信支付。

支付完成后，手机会收到购票短信。

第三节　查询订单、退票和改签

1. 查询订单

点击下方"订单查询"进入订单查询界面。

选择"已完成订单"，
点击"未出行订单"。

选择购票日期即可查看
订单。

2. 退票

进入"订单查询"界面，
选择需要退票的订单。

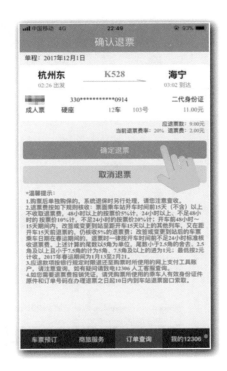

点击"确认退票"即可完成退票。

3. 改签

进入"订单查询"界面，选择需要改签的订单。

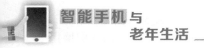
点击"改签"后重新选择
出发班次即可完成改签。

9 第九章

美图秀秀

第一节 美图秀秀功能介绍及美化图片

我们来用美图秀秀把您的照片变得更美吧！

1. 美图秀秀的介绍

美图秀秀是中国最受欢迎的图像处理软件之一，独有的图片特效、美容、拼图、场景、边框、饰品等功能，加上每天更新的精选素材，可以一分钟做出影楼级照片，还能一键分享到微信、微博。

2. 美化图片

美化图片可以先修改图片的光线、亮度、大小，也可以添加边框、文字、马赛克等。

（1）智能优化

智能优化可以根据图片的类型（如人物、风景、美食等），智能地调节光线和亮度，让图片更加清晰。

打开美图秀秀主界面，点击"美化图片"。

进入"美化图片"界面，
点击"智能优化"。

进入"智能优化"界面，
根据图片类型选择不同的优化
类型。

完成后点击右下角的"√"，
完成智能优化。

（2）编辑

编辑图片可以截取图片中的一部分，还可以旋转图片。

打开美图秀秀主界面，点击"美化图片"。

进入"美化图片"界面，点击"编辑"。

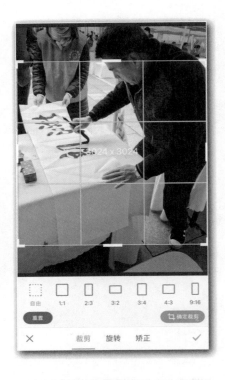

进入"编辑"界面，可以看见图片中间出现一个方框。

点击方框的四角，可以放大和缩小。

点击方框的中间，可以移动方框。

方框内的图片就是截取后的图片。

完成后点击右下角的勾，完成裁剪。

点击下方的旋转，可以旋转照片。

（3）增强

增强功能可以调节图片的光线和亮度。

进入"美化图片"界面，点击"增强"。

可以选择"智能补光"和手动调整。

（4）特效

特效功能可以修改图片的色调。

进入"美化图片"界面，点击"特效"。

可以在下方多个主体色调中选择。

（5）马赛克

马赛克功能可以在图片上模糊一部分内容，可以掩盖一些不想让别人看到的内容。

进入"美化图片"，点击"马赛克"。

点击想要掩盖的内容，再点击右下角的"√"。

（6）魔幻笔

进入"美化图片"界面，点击"魔幻笔"。

可以选择不同的"魔幻笔"在图片上画。

（7）边框

进入"美化图片"界面，点击"边框"。

选择不同类型的边框，完成边框的添加。

（8）贴纸

进入"美化图片"界面，点击"贴纸"。

选择不同的"贴纸"，可以移动贴纸。

（9）文字

进入"美化图片"界面，点击"文字"。

在"输入框"内输入文字，点击右下角的按键，可以放大和旋转图片。

点击"点击输入文字"框，可以输入文字。

在"输入文字"界面点击"样式"，可以修改文字的颜色。

点击"字体"界面，可以修改字体。

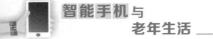
第二节 人像美容

人像美容可以修改肤色、脸型、身高、眼睛大小等。

"微调"一下，您的照片会更美哦！

1. 一键美颜

进入"人像美容"界面，点击"一键美颜"。

　　可以根据文字描述选择
不同的美颜类型。
　　可以选择低、中、高三
个档次。

2. 磨皮美白

进入"人像美容"界面，点击"磨皮美白"。

选择"磨皮"或"美白"。

点击中间的圆圈，调节"磨皮美白"的程度。

3. 祛斑祛痘

　　进入"人像美容"界面，点击"祛斑祛痘"。

　　点击"手动"，选择痘痘大小。
　　点击脸上有斑的地方（如果效果不明显可以多点几下）。

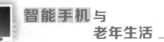

4. 瘦脸瘦身

进入"人像美容"界面，点击"瘦脸瘦身"。

点击"手动"，选择"瘦脸范围"。

用手向内滑动需要瘦脸的位置。

5. 祛皱

　　进入"人像美容"界面，点击"祛皱"。

　　选择画笔大小，在有皱纹的位置滑动。

6. 增高

　　进入"人像美容"界面，
点击"增高"。

　　在图片中选中需要增高
的位置。

　　拖动下面的圆圈，向右
拉伸。

7. 眼睛放大

进入"人像美容"界面，点击"眼睛放大"。

点击"手动"，选择"放大区域"。

点击照片内的眼睛。

第三节 保存和分享

完成照片的修改后，点击右上角的"保存 / 分享"。

点击"保存到相册"。

点击"微信好友"或"朋友圈"，可以分享照片给好友或者分享到朋友圈。

点这里分享到朋友圈，这样大家都能看到您美美的照片啦!

10

第十章

淘宝

第一节　淘宝的介绍及注册

1. 淘宝的简介

　　淘宝网是亚太地区较大的网络零售商圈，由阿里巴巴集团在2003年5月创立，是中国深受欢迎的网购零售平台。

　　淘宝网上购物交易由支付宝第三方平台作为担保，钱款是先支付到支付宝第三方，不会直接打给卖家（货到付款除外），在买家确认收货后钱款才会打给卖家，所以安全性很强。

2. 账号的注册与登录

　　点击"我的淘宝"，选择"其他账户登录"。

　　选择"支付宝快捷登录"，完成登录。

第二节　搜索和购买东西

1. 查找宝贝

　　点击"首页"，点击最上方的搜索栏。

　　输入想要购买的商品名称。

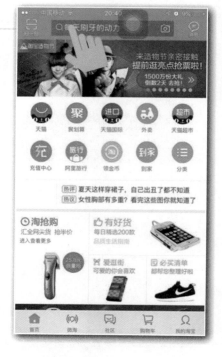

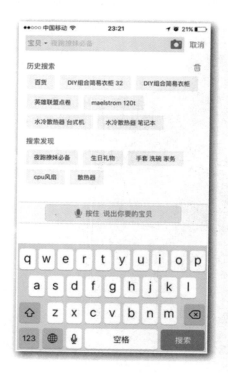

2. 查看商品详情

点击需要购买的商品。

查看商品价格、促销活动、宝贝评价、图文详情等。

3. 联系客服

点击左下角"客服"按键，联系客服。

可以向客服咨询商品的规格、具体情况。

在这里还可以和客服砍价哦！

4. 购买商品

点击"立即购买"，选择商品"规格"（如颜色、大小、尺寸等）。

点击"确定"进入"确认订单"界面。

点击"提交订单",选择立即付款,在弹出的支付界面输入密码,完成付款。

第三节 查询订单和退货

1. 查询订单

点击"我的淘宝"，可以看见"我的订单""待付款""待发货""待收货""待评价"等选项。

在选项中哪一个有数字出现，购买的商品就在哪一个选项内。

点击对应的选项，就可以查看商品的具体信息了。

不需要点"确认收货"，大部分订单14天后会自动确认完成。

2. 售后和退货

点击"我的淘宝"，点击"我的订单"。

点击需要退货或退款的商品。

点击"退款"，填写退款申请。

如果店家来协商，就与店家协商决定。

店家未理会的话，会在3天后自动退款。

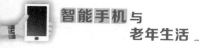

附录一

浙江老年电视大学简介

　　浙江老年电视大学是经省教育厅批准，由省老龄工委、省人力资源和社会保障厅、省总工会、省财政厅、省新闻出版广电局联合创办或协办的一所老年学校，节目于 1998 年秋季正式开播。

　　学校贯彻"增长知识，丰富生活，陶冶情操，促进健康，服务社会"的办学宗旨，坚持"学无止境，乐在其中"的办学理念，利用现代化远距离电视传播手段，为广大老年人讲授适应现代生活的社会科学文化知识，提高老年人的自身修养，增强其保护意识，促进其身心健康，实现老有所学、老有所教、老有所为、老有所乐的目标。开设法律、医学、保健、书法、文学、历史、家教、心理学、旅游文化、戏曲、电脑、科普等多门课程，老年人可自由参加学习。分春、秋季学期，每周五、六播出，每次 50 分钟。

　　教学结束后，进行一次考查。考查采用笔试或交流学习心得、座谈讨论的形式进行。凡修满一课，考查合格者，发给浙江老年电视大学"单科结业证书"，修满八门课程者，发给"浙江老年电视大学毕业证书"。

　　入学方式：各地离退休干部、职工分别到当地分校（教学点）、系统或部门建立的教学点报名，社区和农村老人到当地的老龄组织报名，省级单位的离退休干部、职工到各自单位的退管处室报名，也可就近就便到住所地教学点报名。

　　浙江老年电视大学联系地址：杭州市保俶路 32 号（310007）

　　联系电话：0571-87053091 87052145

　　电子邮箱：60edu@zj60.com

附录二

2018 年秋季课程"智能手机与老年生活"共 10 讲，分 10 周播出，具体安排：

日　期		课　次	教学时间
周五（首播）	周六（重播）		
9 月 7 日	9 月 8 日	第一章	8：30—9：20
9 月 21 日	9 月 22 日	第二章	8：30—9：20
10 月 5 日	10 月 6 日	第三章	8：30—9：20
10 月 19 日	10 月 20 日	第四章（上）	8：30—9：20
11 月 2 日	11 月 3 日	第四章（下）	8：30—9：20
11 月 16 日	11 月 17 日	第五、六章	8：30—9：20
11 月 30 日	12 月 1 日	第七章	8：30—9：20
12 月 14 日	12 月 15 日	第八章	8：30—9：20
12 月 28 日	12 月 29 日	第九章	8：30—9：20
2019 年 1 月 11 日	2019 年 1 月 12 日	第十章	8：30—9：20

注：

1. 本课程由浙江电视台公共新闻频道播出。星期五首播，星期六重播。

2. 本课程同时在东方老年网（www.zj60.com）提供视频点播与下载。